BEI GRIN MACHT SICH IHR WISSEN BEZAHLT

- Wir veröffentlichen Ihre Hausarbeit, Bachelor- und Masterarbeit

- Ihr eigenes eBook und Buch - weltweit in allen wichtigen Shops

- Verdienen Sie an jedem Verkauf

Jetzt bei www.GRIN.com hochladen und kostenlos publizieren

Bibliografische Information der Deutschen Nationalbibliothek:

Die Deutsche Bibliothek verzeichnet diese Publikation in der Deutschen Nationalbibliografie; detaillierte bibliografische Daten sind im Internet über http://dnb.d-nb.de/ abrufbar.

Impressum:

Copyright © 2016 GRIN Verlag
Druck und Bindung: Books on Demand GmbH, Norderstedt Germany
ISBN: 9783668389977

Minh Anh Nguyen

Weight Watchers. Geldverschwendung? Eine kurze Abhandlung über die Kosten und Nutzen von Diättherapien

Weight Watchers

Geldverschwendung?

Seminarkurs 2015/2016: Erfindungen und Entdeckungen

Paracelsus-Gymnasium-Hohenheim

Inhaltsverzeichnis

Précis

Die vorliegende Arbeit beschäftigt sich mit dem Abnahmeunternehmen Weight Watchers. Weight Watchers kostenpflichtiges Abnahmeprogramm hat seine Schwächen und Stärken. Doch letztendlich hat es sich als wirksam erwiesen und bietet deshalb eine gute Möglichkeit zur Abnahme an. Jedoch gibt es außerhalb von Weight Watchers diverse kostenfreie Methoden, die sich ebenfalls zur Abnahme eignen und auf längerer Sicht ist Weight Watchers sehr kostenintensiv. Dennoch ist Weight Watchers für die Personen, die das Programm als sehr wirksam empfinden und keine bessere Methode im Sinn haben keine Geldverschwendung. Nur für Personen, die mit anderen kostenfreien oder billigeren Methoden mehr Erfolg haben als bei Weight Watchers.

Einleitung

Nach dem Robert Koch Institut sind etwa Zwei Drittel der Männer und die Hälfte der Frauen in Deutschland übergewichtig. Ein Viertel der Erwachsenen ist sogar stark übergewichtig.[1]Aber nicht nur in Deutschland steigt die Rate der Übergewichtigen, sondern auch in vielen anderen Industrieländern. Mit der Zunahme der Anzahl an Übergewichten entstehen gleichzeitig auch viele neue Diätformen- und Programme. So ist es in der heutigen Zeit das Thema der richtigen Abnahme sehr umstritten, da noch nicht bewiesen werden konnte, welche Form oder welches Programm am wirksamsten ist. Jedoch ist das Unternehmen namens Weight Watchers das Bekannteste, das so ein Programm anbietet. Weight Watchers ist so bekannt, dass 87 Prozent der Deutschen zwischen 18 und 65 Jahren von Weight Watchers wissen.[2]Was in Bezug zu dem Unternehmen steht, sind ihre monatlichen Mitgliedskosten. Im weiteren Verlauf soll geklärt werden, ob es sich lohnt sein Geld für Weight Watchers auszugeben oder ob dieses Programm Geldverschwendung ist. Dafür werde ich anfangs das Weight Watchers Programm vorstellen und passend dazu seine Schwächen und Stärken aufdecken. Des Weiteren wird es einen Überblick über die Angebote und Dienstleistungen geben, die man für die Kosten erhält und geklärt, ob diese ihnen auch entsprechen. Zuletzt soll an Studien gezeigt werden, inwiefern Weight Watchers wirksam ist.

---

[1] Vgl. Internet:
http://www.rki.de/DE/Content/Gesundheitsmonitoring/Themen/Uebergewicht_Adipositas/Uebergewich
t_Adipositas_node.html
[2] Vgl. Internet: http://schlankr.de/weight-watchers-informationen

1. Allgemeine Informationen

Weight Watchers International, Inc. ist weltweit das größte Unternehmen, das kostenpflichtig ein Programm zur Gewichtsreduktion anbietet.[3] Dabei verkaufen sie ebenfalls ihre eigenen Lebensmittel. In ganzen 23 Ländern wird Weight Watchers durch Tochterunternehmen vertreten. So ist es in Deutschland das Tochterunternehmen Weight Watchers Deutschland GmbH. Inzwischen beträgt die Mitgliederzahl deutschlandweit schon mehr als 360.000.

Gegründet wurde das Unternehmen 1963 in New York von der Hausfrau Jean Nidetch. Sie hatte zu der Zeit eigene Gewichtsprobleme und versuchte ihr überschüssiges Gewicht zu reduzieren. So ist ihr die Idee aufgekommen sich mit ihren Freundinnen zu treffen, die mit den gleichen Problemen zu kämpfen haben. Aus ihrer Idee ist schließlich ein ganzes Unternehmen entstanden, denn es hat Erfolg. Durch das Beisammensein disziplinieren sich die Freundinnen gegenseitig und schaffen es gemeinsam Gewicht zu verlieren. Ihre Treffen sprechen sich rum und ihr Unternehmen fängt an zu wachsen. Am 10. Februar 1970 gelangt Weight Watchers dann auch nach Deutschland. In Düsseldorf findet im Wohnzimmer von Irmgard und Walter Mayer das erste Treffen statt, wo auch heute noch der Hauptsitz von Weight Watchers Deutschland ist.

Jean Nidetch verkauft jedoch 1978 das Unternehmen für 72 Millionen Dollar an den Nahrungsmittelkonzern Heinz. Seitdem bietet Weight Watchers auch angeblich diätfreundliche Fertiggerichte an.[4] Aber lange gehört Weight Watchers nicht zu Heinz, denn 1995 übernimmt die Luxemburger Investment-Firma Artal Weight Watchers für 735 Millionen Dollar und bringt es 2001 an die Börse. Im selben Jahr ist es möglich das Magazin von Weight Watchers an diversen Orten zu erwerben. Daraufhin werden 2003 die ersten Werbespots im Fernsehen

---

[3] Vgl. Internet: http://www.zeit.de/wirtschaft/2015-07/weight-watchers-unternehmen-krise
[4] Vgl. Internet: http://ram-wdr.wdr.de/stichtag/stichtag928.html

gebucht und 2004 startet der deutsche Internet-Auftritt. Ebenfalls kommen im selben Jahr die ersten Produkte mit dem Label Weight Watchers auf den Markt. Zudem steigt die Markenbekanntheit auf 80% und die Anzahl der Treffen verdoppelt sich innerhalb weniger Jahre.[5]

Mit wachsendem Erfolg steigt auch der Umsatz. 2013 macht Weight Watchers 75 Millionen Dollar Umsatz, der allerdings nach den Vorstellungen von Weight Watchers bis 2018 auf einen Jahresumsatz von 300 Millionen bis 500 Millionen Dollar wachsen soll.[6] Des Weiteren wird der Umsatz hauptsächlich aus den Einnahmen der Treffen erreicht, die aus den folgenden Regionen stammen (2012). Die meisten Treffen finden in Nordamerika statt und machen somit weltweit insgesamt 67% aller Treffen aus. Daraufhin folgt Großbritannien mit einem Anteil von 17%, Kontinentaleuropa mit 14% und alle weiteren Regionen nehmen einen Anteil von 3% ein.[7] Zusammengezählt existieren rund 45.000 Treffen weltweit.

---

[5] Vgl. Internet: https://www.brandeins.de/uploads/tx_b4/130_b1_05_09_weight_watchers.pdf
[6] Vgl. Internet: http://www.faz.net/aktuell/wirtschaft/unternehmen/weight-watchers-fitnessbaender-statt-gruppendiaet-12814174-p2.html
[7] Vgl. Internet: http://simple-value-investing.de/blog/weight-watchers-guenstiger-marktfuehrer-mit-kurzfristproblemen

2. Die Schwächen und Stärken des „Feel Good" Programms

Bei Weight Watchers ist das Ziel nicht in kürzester Zeit so viel Gewicht wie möglich zu verlieren, sondern die Mitglieder sollen ihre Ernährung langfristig umstellen, um ein gesundes Essverhalten zu erlangen.[8] Dabei legt Weight Watchers darauf Wert, dass die Mitglieder auch nachdem sie ihr Wunschgewicht erreicht haben, dieses auch halten. Mit dem Programm „Feel Good" soll das möglich werden. Es basiert auf den drei Säulen „Food", „Fit" und „Feel". In anderen Worten das Programm basiert auf der Ernährung, der Bewegung und dem Wohlbefinden jedes Mitgliedes. Das Programm besitzt seine Stärken und Schwächen in allen drei Säulen.

2.1 Die erste Säule „Food"

Statt Kalorien zu zählen, zählt man bei Weight Watchers sogenannte SmartPoints, die auf einem Punktesystem basieren. So hat jedes Mitglied ein eigenes individuelles Smartpointbudget, welches sich aus den täglichen SmartPoints und den wöchentlichen SmartPoints zusammensetzt. Das Smartpointbudget berechnet sich aus dem Geschlecht, dem Alter, der Größe und dem Gewicht der Person. Solange man im täglichen Smartpointbudget bleibt, kann man selbst entscheiden wie man seine Punkte über den Tag verteilt. Die wöchentlichen SmartPoints kann man ebenfalls flexibel einsetzen und entweder alle auf einmal, verteilt auf mehrere Tage oder gar nicht verzehren. Des Weiteren besitzt jedes Lebensmittel ein bestimmten Smartpointwert und alle Lebensmittel dürfen bei dem „Feel

---

[8] Vgl. Internet: https://www.weightwatchers.com/de/sites/de/files/01_ww_pm_feel_good.pdf

Good" Programm verzehrt werden. Es gibt keine Untersagungen.[9] Doch ist es zu beachten, dass Lebensmittel mit einem hohen Zucker- und gesättigten Fettsäuregehalt gleichzeitig auch einen hohen Smartpointwert besitzen. Im Gegensatz dazu besitzen Lebensmittel mit einem hohen Proteingehalt einen niedrigen Smartpointwert. Und auch wenn der Kaloriengehalt die Basis der SmartPoints bildet, gibt es bei diesem Punktesystem eine Ausnahme. Alle Obst- und Gemüsesorten haben einen Smartpointwert von 0. Dies liegt daran, dass die SmartPoints nicht nur den Kaloriengehalt bewerten, sondern auch die Nährwertqualität des Lebensmittels. Demnach dürfen die Mitglieder so viel Gemüse und Obst essen bis sie satt sind. Die Berechnungsformel für die SmartPoints aller Lebensmittel ist Betriebsgeheimnis. [10]

---

[9] Vgl. Internet: http://www.stern.de/gesundheit/ernaehrung/diaet/diaeten-im-check--so-funktioniert-weight-watchers-3532574.html
[10] Vgl. Internet: http://www.spiegel.de/gesundheit/diagnose/weight-watchers-wie-gut-funktioniert-abnehmen-mit-punktesystem-a-819416.html

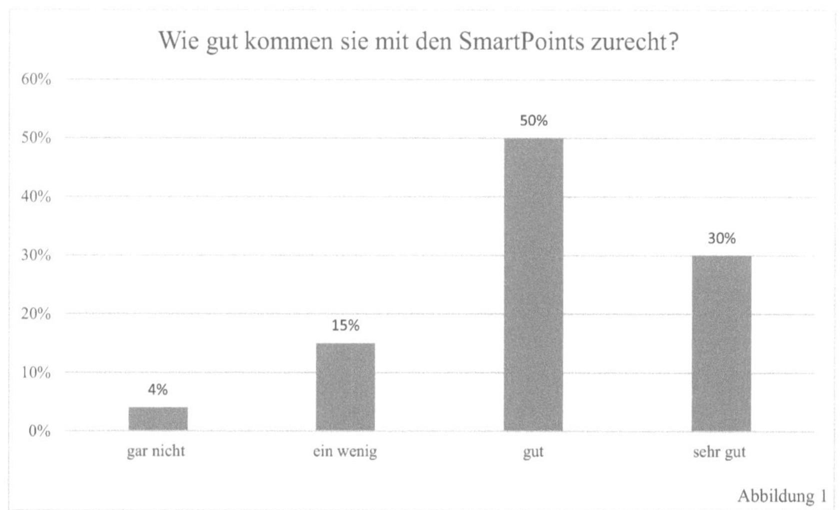

Nachdem bekannt ist, wie das Punktesystem von Weight Watchers funktioniert, sollte geklärt werden, wie die Mitglieder mit ihm zurechtkommen. In diesem Säulendiagramm wird aufgezeigt, dass 4% der befragten Mitglieder gar nicht mit den SmartPoints zurechtkommen, 15% ein wenig, 51% gut und 30% sehr gut mit ihnen zurechtkommen. Dieser hohe prozentuale Anteil der Mitglieder, die gut beziehungsweise sehr gut mit dem Punktesystem umgehen können, lässt sich durch Folgendes erklären.

Die Mitglieder sind sehr frei im Umgang mit ihrer Ernährung und müssen in ihrer Lebensmittelwahl im Gegensatz zu vielen anderen Diäten und Ernährungsumstellungen auf nichts verzichten. So können Süßigkeiten und deftige kalorienreiche Gerichte auch schon mal auf der Speiseliste stehen. Genauso viele Freiheiten besitzen sie ebenfalls bei der Entscheidung wann und wie oft sie essen. Seien es drei Mahlzeiten oder auch 5 Mahlzeiten am Tag, es bleibt ihre Entscheidung. Zudem kommen noch die wöchentlichen SmartPoints, die sie benutzten können auch wenn das tägliche Smartpointbudget verzehrt wurde. Das heißt auch bei Einladungen, Veranstaltungen und Partys dürfen sie etwas Trinken und Essen.

Nichtsdestotrotz finden immer noch 15% der befragten Mitglieder die Handhabung als weniger gut und immerhin 4% kommen gar nicht mit den SmartPoints zurecht. Die Freiheit, welches das „Feel Good" - Programm den Mitgliedern bei den Lebensmitteln zur Verfügung stellt, birgt aber auch einige Gefahren. Einer dieser Gefahren tritt auf, wenn man nur für einen kurzen Moment die Beherrschung verliert und in einer Mahlzeit seine gesamten täglichen SmartPoints verzehrt, eventuell sogar noch seine wöchentlichen hinzu. Zwar hat man das Budget vielleicht nicht überstritten, dennoch ist es bedenklich, ob dies noch gesund ist. Denn den restlichen Tag über hätten sie keine SmartPoints mehr, die sie verzehren könnten.

Des Weiteren kann die freie Wahl der Lebensmittel dazu führen, dass die Mitglieder sich für ungesunde Lebensmittel entscheiden, welche einen hohen SmartPoints Wert besitzen und dafür weniger davon essen. Da eine ausgewogene Ernährung einer der Voraussetzung des gesunden Lebens ist, ist es folglich nicht gesund den Tag über nur eine kleine Menge von etwas Ungesundem zu sich zu nehmen. Zur Veranschaulichung stelle man sich ein Mitglied mit einem täglichen Smartpointbudget von 30 Punkten vor. Wenn das Mitglied eine Tafel Schokolade verspeist, ist sein Smartpointbudget schon fast ausgeschöpft, denn eine Tafel Schokolade besitzt 28 SmartPoints. So dürfte das Mitglied im weiteren Tagesverlauf nur noch 2 SmartPoints aufbrauchen und dies ist keine ausgewogene Ernährung.

Genauso ist die Versuchung groß noch mehr zu essen, obwohl man schon satt ist.[11]Denn hat man noch SmartPoints zur Verfügung, liegt der Gedanke sehr nahe sie auch noch zu verzehren, denn dies wäre nach dem „Feel Good" Programm erlaubt. Andererseits kann es jedoch dazu führen, dass Punkte eingespart werden, um schneller abzunehmen. Doch genau das wirkt dem Gewichtsverlust entgegen. Wenn dem Körper weniger als 800 Kilokalorien am Tag zugeführt werden,

---

[11] Vgl. Internet: http://www.jolie.de/beauty/weight-watchers

schaltet der Stoffwechsel auf einem geringeren Energieverbrauch um und man nimmt langsamer ab. So müssen sich die Betroffenen nicht wundern, weshalb sie nicht an Gewicht verlieren.[12]

Was im ersten Moment gut scheint kann bei längerem Nachdenken Zweifel aufwerfen. Dies geschieht zum Beispiel bei den 0 SmartPoints aller Obst- und Gemüsesorten. Denn so dürfen alle Mitglieder bei dem Smartpointbudget, welches sie besitzen, unbeschränkt Gemüse und Obst essen. Es wird empfohlen nur so viel zu essen bis man satt ist, doch es wird niemanden untersagt mehr zu essen. So ist der Gewichtsverlust auch nicht gesichert, da Gemüse und vor allem Obst, mit meist hohen Fruchtzuckeranteil, doch immer noch einen Kaloriengehalt besitzen.

So lässt sich folglich daraus schließen, dass im „Feel Good" Punktesystem viele Vorzüge vorhanden sind, doch auch Kehrseiten auftreten können. Doch wie im Diagramm zu erkennen ist, trifft dies wohl auf den Großteil der befragten Mitglieder nicht zu. SmartPoints sind ein wichtiger Bestand des „Feel Good" Programms, denn jedes Lebensmittel, welches die Mitglieder verzehren, muss notiert werden, damit sie ihr Budget nicht überschreiten. Im „Feel Good" Programm werden nicht nur SmartPoints gezählt, sondern auch sogenannte „ActivPoints".

---

[12] Vgl. Internet: http://www.desired.de/fehler-beim-abnehmen-darum-klappt-die-diaet-nicht/id_73881110/index

2.2 Die zweite Säule „Fit"

Im Vergleich zu den SmartPoints gibt es bei den ActivPoints kein Budget, das die Mitglieder überschreiten können. Dabei können ActivPoints gesammelt werden, indem sich die Mitglieder körperlich betätigen beziehungsweise Sport machen. Im „Feel Good" Programm gibt es ein Bewegungskonto, das mit den ActivPoints aufgefüllt werden kann. Wie viel jedes Mitglied verdient, hängt davon ab wie viel er wiegt, wie lang er sich betätigt und wie intensiv er sich bewegt.

Kannst du sprechen?	Kannst du singen?	Deine Atmung ist?	Schwitzt du?	Dein Intensitätslevel
Ja	Ja	Normal	Nein	Niedrig
Ja	Nein	Etwas schneller	Ein wenig	Moderat
Nur kurze Sätze	Nein	Deutlich schneller	Ja	Hoch

Abbildung 2

In der abgebildeten Tabelle ist zu erkennen, wie die einzelnen Intensitätslevel des „Feel Good" Programms zustande kommen. Dabei müssen 4 Fragen beantwortet werden. Kannst du sprechen? Kannst du singen? Deine Atmung ist? Und Schwitzt du? Je nachdem wie die Fragen beantwortet werden, können die Mitglieder an der Tabelle ablesen, ob sie ein niedriges, moderates oder hohes Intensitätslevel besitzen. Haben sie dies herausgefunden und sich gemerkt, wie lange sie sich bewegt haben, müssen sie nur noch in einer Tabelle im Bereich ihres aktuellen Gewichts nachschauen, wie viele ActivPoints sie verdient haben. Das Programm empfiehlt darauf zu verzichten, jedoch können die ActivPoints auch als SmartPoints genutzt werden und zum Verzehr dienen.

Die zweite Säule des „Feel Good" Programms „Fit" ist eine gute zusätzliche Hilfe beim Abnehmen und auf die Gesundheit hat sie ebenfalls positive Auswirkungen, denn durch Bewegung verbraucht man Energie. Man baut Muskelmasse auf und Fett ab und das macht sich an der Figur bemerkbar. Der Po wird straffer, der

Bauch flacher, die Beine fester. Zudem erhöht sich der Grundumsatz, da Muskeln auch in Ruhe mehr Kalorien verbrennen als Fettgewebe. Des Weiteren ist es möglich mit Sport Krankheiten vorzubeugen, wie Herz-Kreislauf-Leiden und Diabetes.[13]

Zusätzlich macht Sport gute Laune und hilft beim Einschlafen. Dies liegt daran, dass es grundsätzlich verschiedene Effekte von Sport gibt, die die Stimmung positiv beeinflussen. Dazu gehören Stressabbau und zahlreiche biochemische Prozesse, die dazu führen, dass wir uns besser fühlen.[14] Das Einschlafen wird nach dem Sport gefördert, da unser Körper nach einer gewissen Zeit der Aktivität eine Phase der Ruhe braucht, um Regenerations- und Speichervorgänge durchführen zu können.[15]

So viele Vorteile, welche der Sport uns Menschen bringt, ist er nützlicher, wenn er ohne den Gedanken getan wird, durch Sport mehr essen zu können. Und dieser Gedanke ist mit dem Punktesystem des „Feel Good" Programms nicht ausgeschlossen, da die Umwandlung der ActivPoints in SmartPoints erlaubt ist. So ist es effektiver die gesammelten ActivPoints auf dem Bewegungskonto zu lassen, ohne sie zu verbrauchen. Denn je mehr Energie verbraucht wird als zugenommen, desto besser nimmt man ab. Werden hingegen die verbrannten Kalorien (ActivPoints) wieder durch den gleichen Kaloriengehalt (SmartPoints) aufgenommen, so ist die Bilanz gleich null und man nimmt nicht so schnell ab, wie wenn man die ActivPoints nicht als SmartPoints benutzt.

Weiterhin wirkt sich Sport und eine ausgewogene gesunde Ernährung positiv auf das Wohlbefinden der Menschen aus. Das „Feel Good" Programm stellt das

---

[13] Vgl. Internet: http://www.apotheken-umschau.de/Abnehmen/Abnehmen-beim-Sport-Etwas-Geduld-bitte-216363.html

[14] Vgl. Internet: http://www.apotheken-umschau.de/Sport/Warum-Sport-gute-Laune-macht-348581.html

[15] Vgl. Internet: http://www.medicalsportsnetwork.com/archive/381019/Der-Schlaf-des-Sportlers-Regeneration.html

Wohlbefinden der Mitglieder, insbesondere von der ersten Säule „Food" und der zweiten Säule „Fit" auch als eigene Säule dar.

2.3 Die dritte Säule „Feel"

Wie auch im Namen des Programms „Feel Good" sich schon erahnen lässt, ist das Wohlbefinden des Mitgliedes von großer Bedeutung. „Feel Good" heißt wörtlich übersetzt „sich gut fühlen" und genau das sollen sich die Mitglieder während und auch nach dem Programm. Wenn man erschöpft, mutlos oder einfach gestresst ist, kann es passieren, dass die Mitglieder alle ihre guten Vorhaben fallen lassen und sich nicht an das „Feel Good" Programm halten. Das liegt daran, dass zum Beispiel bei zu viel Stress unser Körper das Hormon Cortisol ausschüttet. Dies wiederum begünstigt einerseits die Bildung von Bauchfett, andererseits weckt es das Verlangen nach Frustessen und in erster Linie nach ungesunden Lebensmitteln. Folglich sollte zu viel Stress vermieden werden um den Prozess des Gewichtsverlustes nicht zu stören. [16]

Das „Feel Good" Programm versucht somit den Mitgliedern beizubringen mehr auf sich selber zu achten und positiver zu denken, damit solche Stresssituationen verhindert werden. Das persönliche Wohlbefinden hat also positive Auswirkungen auf die Abnahme. In der Wissenschaft spricht man vom sogenannten „positive psychological wellbeing(PPWB)", also einem positiven, psychischen Wohlbefinden. Hohe Werte des PPWB stehen in Zusammenhang mit gesunden Verhaltensweisen wie höherer, körperlicher Aktivität oder einem gesunden Ernährungsverhalten.[17] Anders ausgedrückt: glückliche Menschen sind aktiver und treffen die gesündere Wahl beim Essen. Deshalb empfiehlt das

---

[16] Vgl. Internet: https://www.marathonfitness.de/stress-abnehmen-fettverbrennung/
[17] Vgl. Internet:
http://www.presseportal.de/showbin.htx?id=350565&type=document&action=download&attname=ww
-fragenanjuliapeetz.pdf

Programm den Mitgliedern sich jeden Tag Zeit zu nehmen, um sich zu entspannen. Außerdem sich Gedanken über die Dinge zu machen, die ihnen guttun und sie auch umzusetzen. Desweitern soll man sich klarwerden mit welchen Dingen man an sich zufrieden ist. Denn wer sich selbst mag und positiv durchs Leben geht ist entspannter, selbstbewusster und geht auch zuversichtlicher ans Abnehmen heran. Genauso ist es wichtig Erfolge zu feiern, denn wenn man bewusst wahrnimmt, was man schon alles erreicht hat, wird man automatisch zufriedener. Im Vergleich zu dem, wenn man sich stresst und nur betrachtet, was noch alles zu erreichen ist. Gesund essen, sich regelmäßig bewegen und auch noch auf sich selber achten.

Es ist jedoch zu bemerken, dass dies viel Zeit im Alltag beansprucht und die Mitglieder deshalb auf andere Sachen verzichten müssen. Einer der Faktoren, der den Mitglied Zeit stiehlt, ist das Protokollieren aller drei Säulen. Das Protokollieren der SmartPoints, der ActivPoints und seinem Wohlbefinden ist bei dem „Feel Good" Programm allerdings voraussetzender Bestand. Um das „Feel Good" Programm zu nutzen, gibt es diverse Kostenunterschiedliche Möglichkeiten.

3.1 Die Kosten der Angebote

Das „Feel Good" Programm ist nicht kostengünstig. Am Anfang muss man eine Anmeldegebühr von 29,95 Euro zahlen und je nachdem, für welche der zwei Angebote man sich entschieden hat, zahlt man die folgenden Monate mehr oder weniger. Die kostengünstigere Option ist die Online/App Variante bei der man monatlich 16,95 zahlt. Wohingegen das Kombipacket, indem die Treffen noch inklusive sind, mit 39,95 Euro deutlich teurer ist.[18]

Einerseits wirken die monatlichen Kosten unterstützend, da die Mitglieder sich verpflichtet fühlen das „Feel Good" Programm durchzuziehen. Denn so überlegen sie sich beispielsweise zweimal, ob sie ihr Smartpointbudget überschreiten. Immerhin arbeiten sie für Geld und zahlen monatlich die Mitgliedskosten. Das heißt das investierte Geld wäre unwirksam, wenn sie sich nicht an das „Feel Good" Programm halten.

Andererseits gibt es Menschen, die sich das „Feel Good" Programm, durch die hohen Kosten, gar nicht erst leisten können. Und da die Kosten für das Kombipacket sehr hoch sind, lässt sich auch erklären, warum die Online/App Variante Weight Watchers, die meist abonnierte Variante ist.[19]

3.2 Das Online Angebot

Die meist gewählte Option der „Feel Good" Programm Mitglieder beinhaltet die Nutzung der Weight Watchers Onlineseite und der Weight Watchers App. Diese zwei Nutzungsmöglichkeiten sind sehr praktisch, denn die Mitglieder haben alles auf einem Blick. Denn durch die zwei Möglichkeiten sollen die Mitglieder ihre

---

[18] Vgl. Internet: https://www.weightwatchers.com/de/preisuebersicht
[19] Vgl. Internet: https://weightwatchers.com/de/unsere-services

SmartPoints, ihre ActivPoints, ihr Wohlbefinden und ihr Gewicht protokollieren. Außerdem können die Mitglieder auf 5000 Rezepte zugreifen. Hinzukommt das 60 000 Lebensmittel mit ihren entsprechenden SmartPoints online zu finden sind. Vor allem gibt es bei der App noch einen Barcodescanner mit dem Lebensmittel schnell eingescannt und so die SmartPoints bestimmt werden können.[20] Doch ist zu beachten, dass die Mitglieder nur auf die Rezepte, die Smartpointliste und den Barcodescanner zugreifen können, wenn sie Internetempfang beziehungsweise überhaupt ein Smartphone besitzen. Des Weiteren gibt es für die Mitglieder, die sich für die Onlinevariante entscheiden haben keinen direkten Ansprechpartner bei Weight Watchers, den sie schnell Kontaktieren können. Im Gegensatz dazu können die Mitglieder, die sich für das Kombipacket entschieden haben, sich jeder Zeit an den Leiter ihrer Treffen wenden.

3.3 Die Treffen - das Vorzeigeelement

Im Vergleich zu der Onlinevariante können die Abonnenten des Kombipackets für 23 Euro mehr die Treffen besuchen. Sie finden meist dort statt, wo die Räume billig zu mieten sind, wie zum Beispiel in Seniorenwohnheimen und Fahrschulen.[21] Doch auch wenige spezielle Weight Watchers Center existieren. Der Ablauf der Treffen ist genau vorgeschrieben, selbst die Anordnung der Stühle. Es gibt zwei Flügel mit einem Mittelgang. Bevor jedes Treffen beginnt werden die Mitlieder gewogen. Zwar ist das Wiegen freiwillig, doch es gibt kaum Jemanden der sich nicht wiegen lässt, schließlich ist die Gewichtskontrolle der Zweck der Veranstaltung.[22] Nachdem dies erledigt ist, hält der Leiter der Treffen eine Präsentation für 30 bis 40 Minuten über ein Wochenthema, welches von Weight Watchers wöchentlich vorgegeben wird. Themen können zum Beispiel

---

[20] Vgl. Internet: https://www.weightwatchers.com/de/unsere-services
[21] Vgl. Internet: https://www.brandeins.de/uploads/tx_b4/130_b1_05_09_weight_watchers.pdf
[22] Vgl. Internet: https://www.brandeins.de/uploads/tx_b4/130_b1_05_09_weight_watchers.pdf

Sport, SmartPoints oder auch Ernährung während der Feiertage sein. Zudem können vor sowie nach der Präsentation Produkte von Weight Watchers gekauft werden.

Die Treffen sind für viele Mitglieder eine große Unterstützung während dem Abnehmen. Sie sind währenddessen unter Menschen mit den gleichen Problemen beziehungsweise gleichen Zielen. Dadurch motivieren sie sich, tauschen Erfahrungen aus und machen sich Mut, wenn es gerade mal nicht so gut läuft. Zusätzlich gibt das wöchentliche Wiegen den Mitgliedern einen Ansporn, jede Woche auch Gewicht zu verlieren. Denn niemand möchte auf der Waage vor dem Leiter stehen und eine Gewichtszunahme beobachten, dies wäre sehr frustrierend. Allerdings kann das Wiegen Mitglieder auch so sehr unter Druck setzen, dass sie schon eine Art Angst vor dem entwickeln. Das macht sich bemerkbar, wenn Mitglieder vor der Waage stehen und so unter Stress und angespannt sind, dass sie unruhig an sich herumzupfen und noch versuchen jede Möglichkeit zu nutzen Gewicht, durch Kleiderstücke und Accessoires zu verlieren. Die Leiter der Treffen, die sogenannten Weight Watchers Coaches, stehen den Mitgliedern für Fragen immer zur Verfügung. Auch Ratschläge und Ermunterungen geben die Coaches den Mitgliedern auf dem Weg.

Jedoch ist die Qualität der Treffen sehr vom Coach abhängig. Je nachdem wie gut oder schlecht der Coach ist, so sind die Treffen Mehr oder weniger hilfreich. Die Mitglieder zahlen für die Unterstützung von Mitgliedern. Denn die Coaches sind selbst ehemalige oder immer noch gegenwärtige Mitglieder von Weight Watchers, die erfolgreich abgenommen haben. Sie sind keine Fachleute, sondern haben lediglich an einer kurzen Ausbildung von Weight Watchers teilgenommen.[23] So ist es doch fraglich, ob die Coaches die Treffen optimal leiten können und die Mitglieder fachgerecht betreuen können. Denn tatsächlich ist es

---

[23] Vgl. Internet: http://www.spiegel.de/gesundheit/diagnose/weight-watchers-wie-gut-funktioniert-abnehmen-mit-punktesystem-a-819416.html

nicht wirklich schwer, bei Weight Watchers zum Titel „Fachmann oder Fachfrau für Ernährung und Gewichtsmanagement IHK" zu kommen. Selbst auf der Website wird geschrieben, dass die Qualifikation aus mehreren Bausteinen, einem Selbststudium, einer zweitägigen Basisqualifikation, einem dreitägigen Intensivtraining und einem administrativen Coaching bestehe.[24] Schon nach zehn Wochen kann man ein Gruppentreffen veranstalten.

Außerdem sollte man bei Weight Watchers außerhalb der monatlichen Mitgliedskosten genügend Geld für die Weight Watchers Produkte einberechnen. Denn die werden von den Coaches den Mitgliedern förmlich aufgedrängt. Für jedes verkaufte Produkt bekommen sie nämlich eine Provision. Folglich ist das Ziel der Coaches, so viel wie möglich zu verkaufen, um einen größeren Gewinn zu erlangen. Sie werben für den tollen Geschmack, den wenigen SmartPoints und führen Verkostungen der neuen Produkte durch.[25]

---

[24] Vgl. Internet: http://www.ich-werde-coach.de/fragen-und-antworten/#2
[25] Vgl. Internet: https://www.brandeins.de/uploads/tx_b4/130_b1_05_09_weight_watchers.pdf

3.4 Die Vielfalt an Lebensmittel

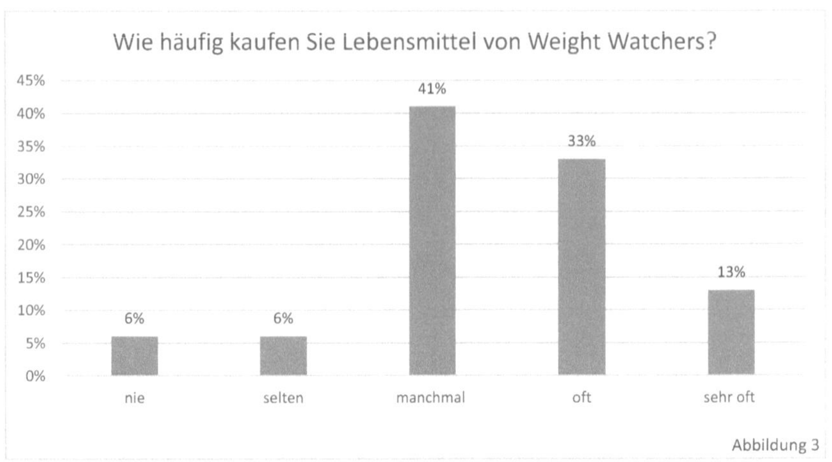

Abbildung 3

Wie in diesem Säulendiagramm zu erkennen ist, haben die Coaches mit dem Verkauf der Lebensmittel Erfolg. Von den befragten Mitgliedern haben die Meisten angegeben, die Lebensmittel manchmal zu kaufen. Das macht den größten Anteil mit 41% aus. Die zweit häufigste Antwort ist mit 33%, die der Mitglieder die oft die Lebensmittel kaufen. Des Weiteren gibt es nur einen geringen Anteil von 13% der Befragten, die sehr oft die Lebensmittel kaufen. Dennoch ist der Anteil größer als von denen, die angegeben haben die Lebensmittel selten beziehungsweise nie zu kaufen. Beide Antwortmöglichkeiten machen jeweils einen Anteil von 6 % aus. Wie in diesem Säulendiagramm zu sehen ist, gibt es nur einen geringen Teil der Mitglieder, die Weight Watchers Lebensmittel nicht verzehren.

Es gibt mehrere Gründe, weshalb die Einkäufe von den Weight Watchers Lebensmittel getätigt werden. Einer davon ist der, dass die Lebensmittel mit den entsprechenden SmartPoints schon gekennzeichnet sind. Dies wiederum erspart den Mitgliedern das Nachschauen und Zusammenrechnen der Lebensmittel und somit auch viel Zeit. Dadurch, dass Weight Watchers ein riesen Sortiment besitzt, welches von Fertiggerichten, Brotaufstrichen, Fleischwaren bis hin zu Süßigkeiten reicht, greifen die Mitglieder häufig zu den Weight Watchers Lebensmitteln. Denn bei einem stressigen Alltag, bei dem alles schnell gehen muss, spart man Zeit, wenn man anstatt zu kochen auf ein Fertiggericht von Weight Watchers greift, wobei sie noch glauben, sich für eine gesündere und SmartPoints ärmere Variante entschieden zu haben.

Doch das Einkaufen von Weight Watchers Lebensmittel lohnt sich nicht. Denn auch wie viele andere diätische Lebensmittel sind die Lebensmittel von Weight Watchers im Vergleich zu den konventionellen Lebensmitteln deutlich teurer und es ist weniger Inhalt vorzufinden.[26] Allerdings sollte man bei so hohen Preisen davon ausgehen können, dass die Lebensmittel von Weight Watchers SmartPoints ärmer sind, also einen geringeren Kaloriengehalt besitzen, gesund sind und keine Zusatzstoffe enthalten. Doch diese Erwartungen können die wenigsten Lebensmittel von Weight Watchers erfüllen.[27] Denn Weight Watchers legt großen Wert auf den Geschmack aber gleichzeitig auf den Kaloriengehalt, so ist es leider erforderlich, den Lebensmitteln Zusatzstoffe zu zusetzen. Abgesehen davon besitzen Lebensmittel bei denen Fett reduziert wird meist mehr Kohlenhydrate, was wiederum den Gesamtenergiegehalt nicht zwingend reduziert. Vor allem bei Fertiggerichten und Fleischprodukten wird der Geschmack durch viel Salz gesichert und zu viel Salz schadet unseren Körper.[28]

Schließlich gehören die Lebensmittel von Weight Watchers bei vielen Mitglieder schon zum Alltag dazu. Das liegt daran, das Weight Watchers von den Mitgliedern großes Vertrauen bekommt und die Lebensmittel eingeschlossen. Bei einer Umfrage in einem Weight Watchers Center[29] ist rausgekommen, dass jeder

---

[26] Vgl. Internet: http://www.sueddeutsche.de/geld/tipps-fuer-verbraucher-so-trickst-die-abnehmindustrie-1.1660555-3
[27] Vgl. Internet: http://www.teamnutrilite-community.eu/de/public/tnoc-world/article/light-produkte-auf-dem-pruefstand
[28] Vgl. Internet: http://www.spiegel.de/gesundheit/diagnose/ernaehrung-schadet-zu-viel-salz-im-essen-wirklich-a-1020274.html
[29] Umfrage von Minh Anh Nguyen im Weight Watchers Center Filderstadt

der einzeln Befragten Weight Watchers weiterempfehlen würde. Bei so viel Vertrauen in das Programm und die Lebensmittel sollte geklärt werden, ob Weight Watchers auch funktioniert.

4.1 Der Vergleich mit Hausarztempfehlungen

Weight Watchers ist von seinem Programm überzeugt und weist mit vielen Studien auf seine Wirksamkeit hin. Die jüngste davon wurde vom britischen Medical Research Council durchgeführt und erschien 2011 im Medizin Fachjournal „Lancet".[30]

Dabei wurden 772 übergewichtige und fettleibige Erwachsene aus Deutschland, Großbritannien und Australien in 2 gleich große Gruppen aufgeteilt. Die eine Gruppe sollte sich nach dem Weight Watchers Programm richten und hatte das Kombipacket zur Verfügung gestellt bekommen. Sie durften die Treffen besuchen und alle Onlinemöglichkeiten nutzen. Die andere Gruppe hingegen sollte sich lediglich an offizielle Gewichtsreduktionsempfehlungen von ihren örtlichen Hausärzten halten.[31]

Ein ganzes Jahr sollten die Studienteilnehmer sich an ihre Vorgaben halten, doch in beiden Gruppen waren die Abbruchraten hoch. Nur 54% der Hausärztegruppe hielten ein Jahr durch. Die Weight Watchers Gruppe hingegen schnitt mit einem Anteil von 61% ein bisschen besser ab. Das Ergebnis lässt Weight Watchers sehr gut dastehen. Denn doppelt so viele Studienteilnehmer aus der Weight Watchers Gruppe verloren nach einem Jahr mehr als 5% ihres ursprünglichen

---

[30] Vgl. Internet: http://www.spiegel.de/gesundheit/diagnose/ernaehrung-schadet-zu-viel-salz-im-essen-wirklich-a-1020274.html
[31] Vgl. Internet: http://www.thelancet.com/journals/lancet/article/PIIS0140-6736(11)61344-5/abstract

Körpergewichts. Und mehr als dreifach so viele verloren im Vergleich zu Hausärztegruppe 10% oder mehr ihres Ausgangsgewichtes.[32]

Allerdings ist es fragwürdig, ob die Studie nicht von Weight Watchers beeinflusst wurde und somit das Ergebnis nicht vollständig glaubwürdig ist.[33] Auch wenn Weight Watchers angibt keinerlei Einfluss auf die Planung, Durchführung und Auswertung der Studie gehabt zu haben, hat sie die Studie dennoch mitfinanziert. Abgesehen von dieser Studie gibt es viele weitere Studien über Weight Watchers, doch nur eine bei der man sich sicher ist, dass Weight Watchers keine Bindung zu ihr hatte. Weder durch eine Finanzierung noch durch einen beteiligten Wissenschaftler, der einen Bezug zu Weight Watchers hat.

4.2 Der Vergleich mit anderen Diäten

Die einzige randomisierte Studie, bei der man jegliche Beziehung zu Weight Watchers ausschließen kann, erschien 2005 im Medizinfachjournal „Journal of American Medical Association".[34]

Die Studie ist von einem akademischen medizinischen Zentrum in Boston, Massachusetts durchgeführt worden. An ihr nahmen anfangs 160 übergewichtige oder fettleibige Erwachsene teil. Sie wurden gleichermaßen in vier Gruppen aufgeteilt. Jede Gruppe wurde einer populären Diät zugeteilt. Man verglich Weight Watchers mit der Low-Carb-Aktins-Diät, der Zone-Diät und der Ornish Diät. Bei der Low-Carb-Aktins-Diät nimmt man höchstens 50 g Kohlenhydrate am Tag zu sich auf und ernährt sich stattdessen hauptsächlich von Proteinen und Fetten. Währenddessen vermeidet man Fette und Fleisch bei der Ornish Diät und

[32] Vgl. Internet: http://www.thelancet.com/journals/lancet/article/PIIS0140-6736(11)61344-5/abstract
[33] Vgl. Internet: http://www.spiegel.de/gesundheit/diagnose/weight-watchers-wie-gut-funktioniert-abnehmen-mit-punktesystem-a-819416.html

[34] Vgl. Internet: http://www.spiegel.de/gesundheit/diagnose/weight-watchers-wie-gut-funktioniert-abnehmen-mit-punktesystem-a-819416.html

stellt seine Ernährung aus Obst, Gemüse und Vollkornprodukten zusammen. Des Weiteren greift man bei der Zone Diät wiederum auf alle drei Grundnährstoffe zu. Doch wichtig bei ihr ist es, die im Verhältnis von 40% Kohlenhydrate, 30% Proteine und 30% Fette zu tun.[35]

Für diese Studie war ein Zeitraum von einem Jahr vorgesehen, doch gab es je nach Diät höhere und niedrigere Abbruchsraten. Die höchsten Abbruchsraten waren bei der Low-Carb-Aktins-Diät mit einer Rate von 50% und bei der Ornish Diät mit einer Rate von 48% wiederzufinden. Weight Watchers und die Zone Diät schnitten hingegen mit jeweils einer Abbruchsrate von 35% besser ab.[36] Die hohen Abbruchsraten bei der Low-Carb-Aktins Diät und der Ornish Diät deuten darauf hin, dass die Studienteilnehmer die Diäten als zu radikal empfanden. Immerhin versucht man bei beiden Diäten so gut wie möglich auf mindestens einen Grundnährstoff zu verzichten, was im Gegensatz dazubei Weight Watchers und der Zone Diät nicht der Fall ist. Bei beiden Gruppen hatten die Studienteilnehmer im Vergleich viel Freiraum, wenn es um die Lebensmittelwahl ging.

Die Ergebnisse der Studie zeigen, dass man mit allen vier Diäten Gewicht verlieren kann. Doch verloren die Studienteilnehmer der Ornish Diät, trotz der hohen Abbruchsrate, mit einem durchschnittlichen Gewichtsverlust von 3,3 kg am meisten Gewicht. Daraufhin folgt die Zone Diät mit einem durchschnittlichen Gewichtsverlust von 3,2 kg, Weight Watchers mit 3,0 kg und zu guter Letzt die Low-Carb-Aktins Diät mit einem durchschnittlichen Gewichtsverlust von 2,1 kg.[37]

Wie das Medizin Fachjournal „Lancet" es schon getan hat, stärkt auch diese Studie die Wirksamkeit von Weight Watchers. Dennoch ist zu beachten das

---

[35] Vgl. Internet: http://jama.jamanetwork.com/article.aspx?articleid=200094
[36] Vgl. Internet: http://jama.jamanetwork.com/article.aspx?articleid=200094
[37] Vgl. Internet: http://jama.jamanetwork.com/article.aspx?articleid=200094

Weight Watchers als einziger Teil der Studie ein kommerzielles Diätprogramm anbietet. Die anderen 3 Diäten hingegen sind kostenfreie Diätformen, bei denen man sich nur an die entsprechenden Regeln halten sollte. Zu dem schnitt Weight Watchers lediglich besser als die Low-Carb-Aktins Diät ab und schlechter als die Zone Diät und Ornish Diät.

Wie die anderen Diätformen funktioniert Weight Watchers dementsprechend. Doch ob die Mitglieder nach ihrem Gewichtsverlust, ihr Gewicht auch halten ist noch ungeklärt.

4.3 Die Mitgliedstreue

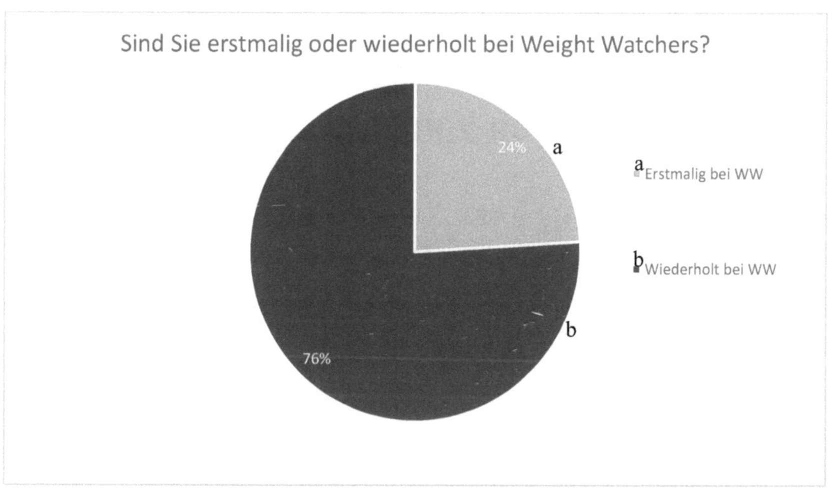

Abbildung 4

Bei einer Umfrage in einem Weight Watchers Center[38] gaben alle Befragten an, mit Weight Watchers bereits eine Gewichtsreduktion feststellen zu können. Dies bestärkt nochmals die zwei vorherigen Studien. Dazu sollten die Befragten angeben, ob sie erstmalig oder wiederholt bei Weight Watchers sind. In dem

---

[38] Umfrage von Minh Anh Nguyen im Weight Watchers Center Filderstadt

abgebildeten Kreisdiagramm ist zu erkennen, dass 24% der befragten Mitglieder angaben erstmalig bei Weight Watchers zu sein und 76% gaben an, wiederholt bei Weight Watchers zu sein. Daraus lässt sich schließen, das viele der Weight Watchers Teilnehmer ihr Gewicht nach dem Programm nicht halten können und da sie bereits erfolgreich mit Weight Watchers waren wieder zu dem zurückkehren. Der Grund dafür liegt in Weight Watchers Konzept, denn während dem Programm haben die Mitglieder ihre Ernährung und Bewegung, durch die Smart- und ActivPoints, so sehr unter Beobachtung und Kontrolle, dass sie nachdem Programm ohne sie ihr eigens Ess- und Bewegungsverhalten nicht mehr regulieren können. Folglich führt es zu einer Gewichtszunahme und sie befinden sich erneut bei Weight Watchers.

5. Eine Möglichkeit zum Erfolg

Deutlich wurde jetzt, dass das Weight Watchers Programm in jedem Bereich seine Schwächen und Stärken besitzt. Das Punktesystem gibt den Mitgliedern alle Freiheit in der Auswahl ihrer Lebensmittel und beschränkt sie daher nur in der Menge. Durch diese Freiheit kann es aber dennoch zu falschen Entscheidungen führen, die dem Mitglied nicht zur Gewichtsreduktion verhelfen. Doch dies trifft auf den Großteil der Mitglieder nicht zu, deshalb kommen die Meisten gut mit dem Punktesystem zurecht. Allerdings ist es durch das Punktesystem möglich, sich den Gedanken anzueignen nur Sport zu machen um mehr essen zu können. Was wiederum nicht den maximalen Gewichtsverlust fördert, den die Mitglieder durch Sport erreichen können. Des Weiteren nimmt das Programm sehr viel Zeit in Anspruch und ist dabei nicht Kostengünstig. Die eine Variante das Programm Online durchzuführen besitzt den Nachteil keinen direkten Ansprechpartner zu haben. Doch bezahlen die Mitglieder, die noch zu den Treffen gehen nicht für richtig ausgebildete Fachleute, sondern für erfolgreiche Teilnehmer. So ist die fachgerechte Betreuung der Mitglieder, welche man für die monatlichen Kosten erwarten kann nicht gesichert, da die Qualität je nach Coach verschieden ist. Außerdem vermarken und verkaufen die Coaches Weight Watchers teure Lebensmittel, die zwar zeitsparend und lecker sind, doch meist je nach Produkt aus vielen Zusatzstoffen, Kohlenhydraten und Salzen bestehen. Daneben ist es zu beachten, dass nicht alle Weight Watchers Lebensmittel im Vergleich zu den Konventionellen einen geringeren Energiegehalt aufweisen können. Folglich sollte man sein Geld lieber sparen und auf natürliche Lebensmittel setzen. Aus all den bereits diskutierten Bereichen ist Weight Watchers also aufgebaut. Mit seinen Vorteilen sowie Nachteilen kann Weight Watchers durch viele Studien auf seine Wirksamkeit hinweisen. Denn Studien, die zum Beispiel in den Medizinfachzeitschriften „Lancet" und „Journal of American Medical Association" erschienen, zeigen deutlich, dass der Gewichtsverlust mit Weight Watchers möglich ist. So lässt sich eigentlich sagen, dass es sich lohne für Weight Watchers zu zahlen, denn man hat ja Erfolg. Doch so einfach ist es nicht. Im Gegensatz zu Weight Watchers gibt es viele verschiedene kostenfreie Methoden mit denen man ebenfalls abnehmen kann und im Vergleich schneidet Weight Watchers nicht besser als die anderen ab, sogar noch schlechter als die populäre Zone und Ornish Diät. Zudem ist die Rate bei Weight Watchers wie auch bei anderen Diäten sehr hoch, dass nach der Abnahme eine Gewichtszunahme stattfindet und da man schon Erfolg hatte zu der Methode zurückkehrt, um wieder abzunehmen. Allerdings zahlt man bei Weight Watchers und so ist es auf längerer Sicht sehr kostenintensiv. Trotzdem kann man nicht deutlich sagen, dass Weight Watchers eine Geldverschwendung sei, wenn man mit anderen Methoden ebenfalls, wenn nicht sogar besser abnehmen kann und kein Geld dafür ausgeben muss. Es ist schon immer so gewesen und wird es auch hoffentlich auch immer sein, aber jeder Mensch ist verschieden. Keiner gleicht dem anderen und so ist auch bei der Weise der Gewichtsreduktion. Es gibt je nach Person geeignetere Methoden und ungeeignetere um abzunehmen. Weight Watchers bietet eine

Möglichkeit an, die man ausprobieren kann. Empfindet man die Methode als sehr Wirksam und hat keine bessere Methode vor Augen, so ist Weight Watchers keine Geldverschwendung. Doch gibt es natürlich Personen, die mit Weight Watchers nicht weiterkommen und folglich es für sie auch nicht lohnt.

Literaturverzeichnis

- Pollmer, Udo (2005): Esst endlich normal! Wie die Schlankheitsdiktatur die Dünnen dick macht und die dicken krank macht. München: Piper Verlag
- Weight Watchers: Mein Start. Feel Good Weight Watchers. Gehörig zum Programmmaterial von Weight Watchers.

Internetquellen

- http://jama.jamanetwork.com/article.aspx?articleid=200094#Abstract *(zuletzt besucht am 01.04.16)*
- http://www.thelancet.com/journals/lancet/article/PIIS0140-6736(11)61344-5/fulltext *(zuletzt besucht am 01.04.16)*
- https://www.brandeins.de/uploads/tx_b4/130_b1_05_09_weight_watchers.pdf *(zuletzt besucht am 30.03.16)*
- http://www.spiegel.de/gesundheit/diagnose/weight-watchers-wie-gut-funktioniert-abnehmen-mit-punktesystem-a-819416.html *(zuletzt besucht am 30.03.16)*
- https://www.weightwatchers.com/de/sites/de/files/01_ww_pm_feel_good.pdf *(zuletzt besucht am 30.03.16)*
- http://www.stern.de/gesundheit/ernaehrung/diaet/diaeten-im-check--so-funktioniert-weight-watchers-3532574.html *(zuletzt besucht am 30.03.16)*
- http://www.jolie.de/beauty/weight-watchers *(zuletzt besucht am 30.03.16)*
- http://www.zeit.de/1993/02/leicht-ist-leicht-betrug *(zuletzt besucht am 28.03.16)*
- https://www.weightwatchers.de/job/Why.aspx *(zuletzt besucht am 28.03.16)*
- http://www.focus.de/gesundheit/ernaehrung/gesundessen/kennzeichnung/lebensmittel_aid_27686.html *(zuletzt besucht am 28.03.16)*
- http://www.presseportal.de/showbin.htx?id=350565&type=document&action=download&attname=ww-fragenanjuliapeetz.pdf *(zuletzt besucht am 27.03.16)*
- http://www.focus.de/gesundheit/ernaehrung/abnehmen/tid-11301/uebergewicht-zunehmen-trotz-diaet-und-sport-latenter-stress-foerdert-frustkilos_aid_321250.html (zuletzt besucht am 27.03.16)
- https://www.marathonfitness.de/stress-abnehmen-fettverbrennung/ *(zuletzt besucht am 27.03.16)*
- http://www.apotheken-umschau.de/Sport/Warum-Sport-gute-Laune-macht-348581.html *(zuletzt besucht am 28.03.16)*
- http://www.medicalsportsnetwork.com/archive/381019/Der-Schlaf-des-Sportlers-Regeneration.html *(zuletzt besucht am 28.03.16)*
- http://www.apotheken-umschau.de/Abnehmen/Abnehmen-beim-Sport-Etwas-Geduld-bitte-216363.html *(zuletzt besucht am 28.03.16)*
- http://www1.wdr.de/stichtag/stichtag928.html *(zuletzt besucht am 29.03.16)*
- http://www.zeit.de/wirtschaft/2015-07/weight-watchers-unternehmen-krise *(zuletzt besucht am 29.03.16)*
- http://schlankr.de/weight-watchers-informationen *(zuletzt besucht am 01.04.16)*

- http://www.sueddeutsche.de/geld/tipps-fuer-verbraucher-so-trickst-die-abnehmindustrie-1.1660555-3 *(zuletzt besucht am 29.03.16)*
- http://www.teamnutrilite-community.eu/de/public/tnoc-world/article/light-produkte-auf-dem-pruefstand *(zuletzt besucht am 27.03.16)*
- http://www.ich-werde-coach.de/fragen-und-antworten/#2 *(zuletzt besucht am 27.03.16)*
- https://www.weightwatchers.com/de/preisuebersicht *(zuletzt besucht am 29.03.16)*
- https://weightwatchers.com/de/unsere-services *(zuletzt besucht am 29.03.16)*

Abbildungen

Abbildung 1(S.10), 3(S.21) und 4(S.26): Erstellt von Minh Anh Nguyen, durch Informationen aus einer Umfrage im Weight Watchers Center Filderstadt

Abbildung 2(S.12): übernommen aus dem Weight Watchers Heft: Mein Start. Feel Good Weight Watchers. Gehörig zum Programmmaterial von Weight Watchers. (S.25)